变电设备状态检修

便携手册

BIANDIAN SHEBEI ZHUANGTAI JIANXIU
BIANXIE SHOUCE

国网晋城供电公司　组编

中国电力出版社
CHINA ELECTRIC POWER PRESS

图书在版编目（CIP）数据

变电设备状态检修便携手册/国网晋城供电公司组编. —北京：中国电力出版社，2020.5
ISBN 978-7-5198-4587-2

Ⅰ. ①变… Ⅱ. ①国… Ⅲ. ①变电所–电气设备–检修–技术手册 Ⅳ. ①TM63-62

中国版本图书馆 CIP 数据核字（2020）第 065555 号

出版发行：中国电力出版社
地　　址：北京市东城区北京站西街 19 号（邮政编码 100005）
网　　址：http://www.cepp.sgcc.com.cn
责任编辑：薛　红（010-63412346）
责任校对：黄　蓓　常燕昆
装帧设计：张俊霞
责任印制：石　雷

印　　刷：三河市百盛印装有限公司
版　　次：2020 年 5 月第一版
印　　次：2020 年 5 月北京第一次印刷
开　　本：880 毫米×1230 毫米　64 开本
印　　张：2
字　　数：49 千字
印　　数：0001—2000 册
定　　价：20.00 元

编写人员名单

主　　编　李　坚

编写人员　张晓鹏　和晋龙　赵登峰

田瑞敏　宰洪涛　尚志冬

侯沁波　田海波　王　兵

丰建军　原会军　王　晋

宋俊国

前　言

变电站是组成电网的基本单元之一，其设备检修质量的高低和设备运维的安全与否，直接关系到电网的安全和稳定。为提高变电检修专业员工的现场工作技能水平，满足变电设备检修质量要求，优质高效地完成变电设备状态检修工作，国网晋城供电公司在总结状态检修工作经验的基础上，依据《国家电网有限公司十八项电网重大反事故措施（2018 年修订版）》《国网山西省电力公司 2015 年变电专业精益化管理评价规范》、DL/T 573—2010《电力变压器检修导则》、DL/T 574—2010《变压器分接开关运行维修导则》、GB/T 13499—2002《电力变压器应用导则》、Q/GDW 11074—2013《交流高压开关设备技术监督导则》、DL/T 603—2017《气体绝缘金属封闭开关设备运行及维护规程》、DL/T 595—2016《六氟化硫电气设备气体监督导则》、Q/GDW 11225—2014《6kV～110kV 高压并联电容器装置技术规范》等相关标准，对变压器、断路器、隔离开关（接地开关）、电压互感器、电流互感器、避雷器、无功补偿装置、放电线圈、母线、端子箱、检修电源箱、站用变压器、开关柜、组合电器、交流系统等变电站十七类一次设备的状态检修检查具体项目和典型故障查找处理实用方法进行了介绍；同时留有记录页以供检修人员在检修工作过程中记录之用。

本手册内容丰富实用，经国网晋城供电公司几年来的现场实际应用，具有很强的实践性和操作性，可为变电检修工作人员在开展检修工作时参考使用。

参加本手册编写的主要人员有国网晋城供电公司张晓鹏、和晋龙、赵登峰、田瑞敏、宰洪涛、尚志冬、侯沁波、田海波、王兵、丰建军、原会军、王晋、宋俊国；国网山西省电力公司正高级工程师李坚对全书进行了最终审核并整理。

鉴于作者水平和时间所限，书中难免有疏漏、不妥之处，恳请广大读者批评指正。

编　者

2020.3

目　录

第一部分　变电设备状态检修项目

一、变压器

（1）检查 220、110、35kV 套管及中性点引线弧垂是否合适，检查引线是否有断股、扭曲、散股现象；检查设备线夹无裂纹，更换铜铝对接设备线夹为铝线夹+铜铝复合片过渡形式；朝上 30°～90° 安装的压接型设备线夹应配钻直径 6mm 的滴水孔；检查设备线夹固定螺栓无锈蚀、无松动；核对套管外绝缘爬电比距；套管顶帽刷漆。

（2）检查套管油位，指示清晰，套管垂直安装油位在 1/2 以上（非满油位），倾斜 15° 安装应高于 2/3 至满油位；检查套管伞裙无破损、无裂纹，瓷套与法兰黏合牢固、无开胶；

爬电比距符合要求（按污秽等级分别为：a 级 15.5mm/kV，b 级 16mm/kV，c 级 20mm/kV，d 级 25mm/kV，e 级 31mm/kV）；检查套管末屏接地装置无松动、放电痕迹。

（3）检查储油柜油位，符合油温曲线。

（4）检查气体继电器有无气体，有气体需取气体进行检测并排尽气体。

（5）检查冷却器、压力释放阀、速动油压继电器、储油柜主油管蝶阀在打开位置；检查截流阀在“常开”位置。

（6）检查压力释放阀、速动油压继电器是否加装防雨罩。

（7）检查变压器本体及附件是否渗油，渗油需处理并清洗油迹。

（8）检查变压器本体及附件螺栓，无松动、无锈蚀。

（9）检查有载分接开关机构指示档位和开关档位对应一致；对机构箱进行清扫；进行手动、电动操作试验正常，机械限位功能正常，电动操作一次调节一个档位，未出现滑档等缺陷；后台、本体、操作机构档位指示应一致；加热器工作正常；当常用油式有载分接开关机构动作次数达到 5000 次或绝缘油试验不合格时，应更换有载分接开关变压器油，并多次排气；真空灭弧触头有载分接开关机构动作次数达到 30 万次时应吊芯检查，绝缘油试验不合格时应更换变压器油。

（10）检查储油柜充油、放油、排气管阀门在关闭位置。

（11）检查风冷和强油冷却系统，每台冷却装置都能正常运行，运行中无异常振动和杂音；油流继电器指示正确；风控箱外壳无锈蚀，箱门密封条完好；检查箱体接地、箱门与箱体接地线连接良好，门锁无损坏；检查加热器工作正常；风控箱内清洁无杂物。

（12）检查吸湿器，受潮硅胶不超过 2/3，吸附剂不应碎裂、粉化，吸附剂罐装至距顶部 1/5～1/6 处，注入吸湿器油杯的油量要适中，吸湿器各部件无渗漏。

（13）中性点放电间隙检查，水平布置，

棒间隙为：220kV，290～310mm（一般取300mm）；110kV，105～115mm（一般取110mm）。球间隙为：220kV，80～120mm；110kV，40～80mm（成套中性点装置具体标准以说明书为准）。

（14）检查中性点电流互感器无裂纹破损，电气连接紧固良好，无过热、放电痕迹。

（15）检查母线桥低压套管绝缘护套安装良好，接头盒无脱落，接头盒下部应有测温孔；母线伸缩节应无断裂、无明显折皱，母线桥装设接地线位置按“品”字形布置（间距1m），母线间及对地最小距离符合规定（户外35kV：400mm，10kV：200mm）；支柱绝缘子应清洁、无破损、无放电痕迹，爬电比距符合要求（按污秽等级分别为：a级15.5mm/kV，b级16mm/kV，c级20mm/kV，d级25mm/kV，e级31mm/kV）；瓷件与法兰黏合应牢固、无开胶。

（16）主变压器低压侧避雷器、套管抱杆线夹及上法兰、穿墙套管带电法兰绝缘包封无死角。

二、断路器

（1）检查一次引线弧垂是否合适，检查引线无断股、扭曲、散股现象；检查设备线夹无裂纹，更换铜铝对接设备线夹为铝线夹+铜铝复合片过渡形式；朝上 30°～90° 安装的压接型设备线夹应配钻直径 6mm 的滴水孔；检查设备线夹紧固螺栓无松动、锈蚀。

（2）检查断路器顶帽及中间法兰刷漆；清扫未喷涂 PRTV 涂料的瓷套；检查瓷套伞裙无破损、裂纹，瓷套与法兰黏合应牢固、无开胶；爬电比距符合要求（按污秽等级分别为：a 级 15.5mm/kV，b 级 16mm/kV，c 级 20mm/kV，d 级 25mm/kV，e 级 31mm/kV）。

（3）检查本体及操作机构金属部位无锈蚀，锈蚀部位除锈、刷漆。

（4）SF_6 断路器压力表检查，压力不得高于额定压力 0.02MPa，当压力低于额定压力需补气，并检漏。对于 SF_6 绝缘的真空断路器，气体压力值在 0.02～0.04MPa 范围内。

（5）检查分合闸、储能指示器位置与实际位置一致，检查分合位置与后台位置一致。

（6）检查弹簧机构储能指示器位置与实际位置一致；断开储能电源，合闸后储能弹簧能量应完全释放。

（7）检查缓冲器能否正常工作。

（8）检查液压机构压力是否在额定值，检查机构无渗油，检查机构油位在正常位置（油位应在窥视孔 1/2 以上），检查机构打压时间符合该型号产品技术规定；螺栓紧固、无锈蚀。

（9）检查弹簧操作机构储能时间符合该型号产品技术规定，并润滑转动部位。

（10）检查传动部件无变形、损伤及锈蚀，销子无缺失、脱落。

（11）检查分合断路器情况，动作无卡滞，分合指示正确。

（12）检查户内 10、35kV 支柱绝缘子、绝缘杆无裂纹、破损。

（13）断路器低电压试验、特性试验合格。

（14）检查加热器工作正常。

（15）检查机构箱门与箱体接地线连接良好，门锁无损坏，箱门密封条无脱落；机构箱内清洁无杂物。

三、隔离开关、接地开关

（1）检查一次引线弧垂是否合适，检查引线无断股、扭曲及散股现象；检查设备线夹无裂纹，更换铜铝对接设备线夹为铝线夹+铜铝复合片过渡形式；朝上 30°～90°安装的压接型设备线夹应配钻直径 6mm 的滴水孔。检查设备线夹紧固螺栓无松动、锈蚀。

（2）检查绝缘子无破损、裂纹，与法兰黏合处应牢固、无开胶；爬电比距符合要求（按污秽等级分别为：a 级 15.5mm/kV，b 级 16mm/kV，c 级 20mm/kV，d 级 25mm/kV，e 级 31mm/kV）。

（3）检查隔离开关触指和弹簧。触指、触头应清洁、无变形；弹簧无变形、锈蚀；机械转动部件加有润滑油，转动灵活；转动部件无开裂、脱焊；轴销、开口销无脱落；检查紧固螺栓，无松动、锈蚀。

（4）手动分合隔离开关和接地开关，拉合轻松，无卡滞现象；检查分合闸后动、静触头位置，合位触头接触良好，插入深度符合要求，连杆过死点符合规定，三相同期符合要求；分合位置与后台位置一致；检查隔离开关、接地开关机械限位正常；检查接地开关接地软铜线无断裂。

（5）检查电动操作机构，螺栓无松动，转动部位润滑，齿轮涂黄油，分合闸指示灯指示正确，电气元件无损坏，二次线无松动，检查机构箱门与箱体接地线连接良好，门锁无损坏，箱门密封条无脱落，当密封条脱落时用胶粘贴，并清扫机构箱内灰尘及杂物。

（6）检查隔离开关电动分合闸动作情况，分合闸平稳，无卡滞。检查隔离开关合分位置与后台位置一致。

（7）检查隔离开关金属部件是否锈蚀，对锈蚀部位需除锈刷漆。

（8）检查加热器工作正常。

四、电流互感器

（1）检查一次引线弧垂是否合适，检查引线无断股、扭曲及散股现象；检查设备线夹无裂纹，更换铜铝对接设备线夹为铝线夹+铜铝复合片过渡形式；朝上 30°～90° 安装的压接型设备线夹应配钻直径 6mm 的滴水孔；检查设备线夹紧固螺栓无松动、锈蚀。

（2）检查外观无渗漏，瓷件无裂纹、破损；干式电流互感器绝缘件无裂纹、破损及放电痕迹；爬电比距符合要求（按污秽等级分别为：a 级 15.5mm/kV，b 级 16mm/kV，c 级 20mm/kV，d 级 25mm/kV，e 级 31mm/kV）。

（3）检查充油电流互感器油位，油位指示正常。

（4）检查充 SF_6 电流互感器压力表并检漏，压力低于额定压力时需补气至额定压力且不高于额定压力 0.02Pa 处。

（5）检查末屏接地可靠。

（6）检查等电位线无断裂。

（7）检查接地软铜线无断裂；金属部位无锈蚀。

（8）检查二次接线盒，螺栓紧固、无松动；箱门密封条无脱落。

五、电压互感器

（1）检查一次引线弧垂是否合适，检查引线无断股、扭曲及散股现象；检查设备线夹无裂纹，更换铜铝对接设备线夹为铝线夹+铜铝复合片过渡形式；朝上 30°～90° 安装的压接型设备线夹应配钻直径 6mm 的滴水孔；检查设备线夹紧固螺栓无松动、锈蚀。

（2）外观检查无渗漏，瓷件无裂纹、破损；干式电压互感器绝缘件无裂纹、破损及放电痕迹；爬电比距符合要求（按污秽等级分别为：a 级 15.5mm/kV，b 级 16mm/kV，c 级 20mm/kV，d 级 25mm/kV，e 级 31mm/kV）。

（3）检查充油电压互感器油位指示正常。

（4）检查接地软铜线无断裂，金属部位无

锈蚀。

（5）检查二次接线盒螺栓紧固、无松动，箱门密封条无脱落。

（6）检查消谐器可靠接地，外观无裂纹、放电痕迹。

（7）检查一次末端（N 端）可靠接地。

六、避雷器

（1）检查一次引线弧垂是否合适，检查引线无断股、扭曲、散股现象；检查设备线夹无裂纹，更换铜铝对接设备线夹为铝线夹+铜铝复合片过渡形式；朝上 30°～90°安装的压接型设备线夹应配钻直径 6mm 的滴水孔。检查设备线夹紧固螺栓无松动、锈蚀。

（2）检查外观无裂纹、破损及放电痕迹，爬电比距符合要求（按污秽等级分别为：a 级 15.5mm/kV，b 级 16mm/kV，c 级 20mm/kV，d 级 25mm/kV，e 级 31mm/kV）。

（3）检查接地软铜线无断裂，金属部位无锈蚀。

（4）检查泄漏电流表或放电计数器指示正常，无损坏、进水。

（5）试验检查底座对地绝缘良好。

七、电容器

（1）检查一次引线弧垂是否合适，检查引线无断股、扭曲及散股现象；检查抱杆线夹、导线固定金具无裂纹；检查抱杆线夹、导线固定金具紧固螺栓无松动、锈蚀；引线绝缘包封完好。

（2）检查密集型电容器油位指示正常。

（3）检查套管、支柱绝缘子无破损、放电痕迹，爬电比距符合要求（按污秽等级分别为：a 级 15.5mm/kV，b 级 16mm/kV，c 级 20mm/kV，d 级 25mm/kV，e 级 31mm/kV）。

（4）检查吸湿器受潮硅胶不超过 2/3，吸附剂不应碎裂、粉化，吸附剂罐装至距顶部 1/5～1/6 处，注入吸湿器油杯的油量要适中，吸湿器各部件无渗漏。

（5）检查外观无变形、渗油。

（6）检查熔断器固定可靠，无断裂、虚接及锈蚀；熔断器规格符合设备要求，工作位置正确，指示装置无卡死等现象。

（7）检查本体及支架无锈蚀。

八、电抗器

（1）检查电气连接部位接触良好，紧固螺栓无松动、锈蚀；引线绝缘包封完好；检查接线柱、抱杆线夹紧固、无裂纹。

（2）检查套管、支柱绝缘子无裂纹、放电痕迹，爬电比距符合要求（按污秽等级分别为：a 级 15.5mm/kV，b 级 16mm/kV，c 级 20mm/kV，d 级 25mm/kV，e 级 31mm/kV）。

（3）检查油式电抗器油位正常，本体无渗油；干式电抗器应无开裂、断线、过热及放电痕迹。

（4）检查本体及支架无锈蚀。

（5）检查油式电抗器吸湿器受潮硅胶不超过 2/3，吸附剂不应碎裂、粉化，吸附剂罐装至距顶部 1/5～1/6 处，注入吸湿器油杯的油量要适中，吸湿器各部件无渗漏。

九、放电线圈

（1）检查电气连接部位接触良好；接线螺栓无松动、锈蚀；引线绝缘包封完好；检查接线柱、抱杆线夹紧固、无裂纹。

（2）检查套管无裂纹；爬电比距符合要求（按污秽等级分别为：a 级 15.5mm/kV，b 级 16mm/kV，c 级 20mm/kV，d 级 25mm/kV，e 级 31mm/kV）。

（3）检查油式放电线圈本体无渗油；干式放电线圈应无裂纹、放电痕迹。

（4）检查本体及支架无锈蚀。

十、母线

（1）母线检查。

1）检查软母线弧垂是否合适，母线无断股、扭曲及散股现象；母线固定金具无裂纹；母线固定金具紧固螺栓无松动、锈蚀。

2）检查管形母线本体、焊接面无开裂、

脱焊；母线固定金具紧固螺栓无松动、锈蚀及断裂；伸缩金具无变形、散股及支撑螺杆脱出；母线在支柱绝缘子上的固定死点，每一段应设置1个，并宜位于全长或两母线伸缩节中点；管形母线无积水、结冰及变形，最低处、终端球底部应有排水孔。

3）检查硬母线、引流排应绝缘包封严密，母线与引流排紧固螺栓无松动；母线固定金具无松动、锈蚀及断裂；检查穿芯套管无裂纹、破损及放电痕迹；35kV 穿芯套管屏蔽线无松动、断线，屏蔽线与套管内壁不得接触；母线伸缩节应无松股、断裂及发热，螺栓应无松动、锈蚀现象。

（2）检查悬式绝缘子、支柱绝缘子表面应清洁，无破损、放电痕迹；支柱绝缘子与法兰黏合部位，法兰应无破损，黏合处无开裂；爬电比距符合要求（按污秽等级分别为：a 级 15.5mm/kV，b 级 16mm/kV，c 级 20mm/kV，d 级 25mm/kV，e 级 31mm/kV）；处于 c 级及以下污秽等级地区的户外绝缘子喷涂 PRTV

涂料。

（3）检查母线耐张线夹、T形线夹应无过热、变色，螺栓无松动、锈蚀；销子无锈蚀、短缺。

十一、端子箱

（1）检查空气开关、熔断器、刀闸外观无破损，并有明显标识；接线端子无松动、发热；检查回路配线，无破损、松动及发热；电缆标识牌正确、规范且清晰；电缆备用芯头部用热缩管包封。

（2）检查外壳无锈蚀，密封良好，内部无进水、受潮，密封条无脱落；箱内清洁无杂物；检查箱体接地、箱门与箱体接地，接地线应连接良好；门锁无损坏；检查螺栓无松动、锈蚀。

（3）检查加热器工作正常。

十二、检修电源箱

（1）检查剩余电流动作保护器、熔断器、刀闸、电压表外观无破损，有明显标识；检查电压表指示正确；检查剩余电流动作保护器能正确动作；接线端子无松动、发热；检查回路配线，无破损、松动及发热；电缆标识牌正确、规范且清晰；电缆备用芯头部用热缩管包封。

（2）检查外壳无锈蚀，密封良好，内部无进水、受潮，密封条无脱落；箱内清洁无杂物；检查箱体接地、箱门与箱体接地，接地线应连接良好；门锁无损坏；检查螺栓无松动、锈蚀。

（3）检查加热器工作正常。

十三、高压电缆

（1）检查电缆本体无变形；外护套无破损、龟裂。

（2）检查电缆头外观，外绝缘无破损、放电痕迹；电缆屏蔽层、钢铠分别引出接地；接地软铜线有护套、无断裂。

（3）检查电缆线鼻子无发热痕迹；接线螺栓无松动、锈蚀。

（4）检查电缆护管无破损，护管固定牢

固；单芯电缆严禁使用金属外护管。

（5）检查电缆接地保护箱，外观无锈蚀；箱门与箱体接地线应连接良好；门锁无损坏；过电压保护器无破损和放电痕迹，接地线线鼻子、连接排连接处无发热现象。

十四、站用变压器

（1）检查套管接线柱无松动、发热，引线无断裂；套管无破损、裂纹；站用变压器 N 极就地接地。

（2）检查油浸式站用变压器油位正常，无渗油。

（3）检查吸湿器受潮硅胶不超过 2/3，吸附剂不应碎裂、粉化，在顶盖下应留出 1/5～1/6 高度的空隙，注入吸湿器油杯的油量要适中，油封罩油位线应高于呼吸管口，吸湿器各部件应无渗漏。

（4）检查干式站用变压器绝缘无放电，温控仪工作正常，且温度探头放置到探头孔内。

十五、开关柜

（1）检查开关柜内设备外观良好、出厂铭牌齐全、清晰可识别，开关柜无变形、锈蚀，开关柜内部清洁、无杂物，并正确设置压力释放通道。

（2）检查防误操作闭锁装置或带电显示装置正常工作。

（3）检查状态显示器工作正常，并与机械指示和实际位置相对应一致。

（4）检查温、湿度控制器、加热照明工作正常。

（5）检查触头、触指无变形、锈蚀及放电痕迹，压紧弹簧完整。

（6）检查柜内各连接排螺栓无松动、锈蚀，接头处无发热痕迹；绝缘包封完好。

（7）检查柜内支柱绝缘子、穿芯护套无破损、放电痕迹；35kV 穿芯护套屏蔽线应连接良好无松动。

十六、组合电器

（1）检查设备外观无明显缺陷，出厂铭牌正确、清晰且可识别。

（2）检查一次引线弧垂是否合适，检查引线无断股、扭曲、散股现象；检查设备线夹、抱杆线夹无裂纹，更换铜铝对接设备线夹为铝线夹+铜铝复合片过渡形式；朝上 30°～90°安装的压接型设备线夹应配钻直径 6mm 的滴水孔；检查设备线夹、抱杆线夹紧固螺栓无松动、锈蚀。

（3）套管外表应清洁，法兰处无开裂，爬电比距符合要求（按污秽等级分别为：a 级 15.5mm/kV，b 级 16mm/kV，c 级 20mm/kV，d 级 25mm/kV，e 级 31mm/kV），对处于 c 级及以下污秽等级地区的室外套管喷涂 PRTV 涂料。

（4）调整伸缩节至合适位置（以说明书为准）。

（5）检查压力表压力低于额定压力需补

气至额定压力且不高于额定压力0.02MPa处，并检漏。

十七、交流系统

（1）检查屏柜外壳无锈蚀，出厂铭牌正确、清晰且可识别；屏内清洁无杂物；检查柜体接地、柜门与柜体接地良好；门锁无损坏；检查螺栓无松动、锈蚀。

（2）检查剩余电流动作保护器、空气开关、熔断器、刀闸、电压表、电流表外观无破损，有明显标识；检查电压表、电流表指示正确；检查剩余电流动作保护器能正确动作；接线端子无松动、发热；检查回路配线无破损、松动及发热；电缆标识牌正确、规范且清晰；电缆备用芯头部用热缩管包封。

（3）检查进线电源切换正常。

（4）检查交流母线铜排连接良好，绝缘包封完好。

第二部分　变电设备典型故障及处理

一、主变压器

主变压器典型故障及处理见表 2-1。

表 2-1　主变压器典型故障及处理

故障表现	可能造成故障的原因	处理方法
套管抱杆线夹裂纹	紧固过紧或材质不合格	更换抱杆线夹，螺栓需紧固均匀
套管抱杆线夹接线板发热	抱杆线夹接触面氧化；设备线夹与抱杆线夹接触面电化腐蚀	打磨接触面，涂抹凡士林
	将军帽与套管引线接头松动（三相直阻不平衡）	拆除将军帽，螺纹氧化或轻微烧蚀，清除氧化膜。若螺纹严重烧伤，需更换将军帽、引线端部焊接的带螺纹导电棒

续表

故障表现	可能造成故障的原因	处理方法
储油柜油位计指示不正确（变压器油位异常报警）	油位计浮球破损	更换浮球
	浮球脱落	恢复浮球与连杆连接
	储油柜内胶囊位移导致浮球卡滞	复位胶囊
	油位计微动开关接点粘连	更换油位计
	油位计进水导致回路接通	打开二次接线盒和面板，通风晾干，进行密封处理（受潮严重，更换油位计）
	油位计二次电缆老化导致回路接通	更换二次电缆
有载分接开关轻瓦斯动作	气体继电器油管坡度不足	调整管路坡度（1%～1.5%）
	气体继电器未校验	校验气体继电器
主变压器本体温度异常	冷却器蝶阀未打开	开启蝶阀
	潜油泵故障（强迫油循环）	更换潜油泵
	冷却器灰尘太多（强迫油循环）	冲洗冷却器

续表

故障表现		可能造成故障的原因	处理方法
有载调压开关调压过程中电动机电源开关跳闸		测控屏发送调档命令时间与调压时间不匹配	调整测控屏时间整定值
冷却系统故障	风机故障	风机损坏	更换电机
		风机接线松动	紧固接线
	控制回路故障	热继电器电流整定值过小或动作未复归	检查调整热继电器电流整定值并复归
		接触器损坏	更换接触器
		回路绝缘降低（① 电缆；② 端子排；③ 接触器）	更换绝缘不良部件
		电源空气开关损坏	更换空气开关
	强油系统故障	潜油泵损坏	更换潜油泵
		油流继电器损坏	更换油流继电器

二、断路器

1. VS1－12 型断路器

（1）机构故障。VS1－12 型断路器机构典型故障及处理见表2-2。

表2-2　VS1-12型断路器机构典型故障及处理

故障表现	可能造成故障的原因	处理方法
电动机不转	电动机损坏	更换电机
	行程开关位置调整不当或损坏	调整行程开关或更换行程开关
电动机转，无法储能	传动链被挂住	恢复传动链位置
储能不停止	行程开关未断开储能二次回路	更换行程开关或调整行程开关固定位置
储能不到位	行程开关提前断开储能二次回路	调整行程开关固定位置
合闸不到位	合闸弹簧疲劳	调整或更换合闸弹簧
	机械传动部分卡涩	传动部分加注润滑油
开关合不上闸	合闸铁芯未动作	合闸二次回路故障，查找故障点或故障元件
	断路器有合闸闭锁装置，而辅助电源未接通或低于技术条件要求	接通辅助电源

续表

故障表现	可能造成故障的原因	处理方法
开关合不上闸	扇形板与半轴扣接量太小	通过调整脱扣螺钉使扇形板与半轴间隙为2～4mm
分闸速度偏高	分闸弹簧预拉伸长度偏长	将分闸弹簧预拉伸长度调小，如预拉伸长度调到最小，分闸速度还偏高，需更换分闸弹簧
分闸速度偏低	分闸弹簧预拉伸长度偏短	将分闸弹簧预拉伸长度调大，如预拉伸长度调到最大，分闸速度还偏低，需更换分闸弹簧
合闸速度偏高	合闸弹簧预拉伸长度偏长	将合闸弹簧预拉伸长度调短
合闸速度偏低	合闸弹簧预拉伸长度偏短	将合闸弹簧预拉伸长度调长

（2）控制回路故障。VS1－12型断路器控制回路典型故障及处理见表2－3。

表 2-3　VS1-12 型断路器控制回路典型故障及处理

故障表现	可能造成故障的原因	处理方法
分闸状态下控制回路断线	合闸线圈烧断	更换合闸线圈
	辅助开关未切换	调整辅助开关连杆长度
	储能行程开关接点未闭合	调整或更换储能行程开关
	储能电动机烧坏	更换电动机
合闸状态下控制回路断线	分闸线圈烧断	更换分闸线圈
	辅助开关未切换	调整辅助开关连杆长度

2. LW8-35 型断路器

（1）机构故障。LW8-35 型断路器机构典型故障及处理见表 2-4。

表 2-4　LW8-35 型断路器机构典型故障及处理

故障表现	可能造成故障的原因	处理方法
电动机不转	电动机损坏	更换电动机

续表

故障表现	可能造成故障的原因	处理方法
电动机不转	储能接触器烧毁	更换储能接触器
	行程开关位置调整不当或损坏	调整行程开关或更换行程开关
电动机转，无法储能	驱动棘爪间隙大	调整驱动棘爪与齿轮扣合
	驱动块复位弹簧疲劳	更换驱动块复位弹簧
	分闸状态下储能时扇形板越不过半轴	调整机构输出连杆长度，使分闸状态下未储能状态时扇形板脱离半轴为2～6mm
储能不停止	行程开关未断开储能二次回路	更换行程开关或调整行程开关固定位置
储能不到位	行程开关提前断开储能二次回路	调整行程开关固定位置
	储能驱动系统提前离合	调整储能驱动系统
合闸不到位	合闸弹簧疲劳	调整或更换合闸弹簧
	机械传动部分卡涩	传动部分加注润滑油

续表

故障表现	可能造成故障的原因	处理方法
开关合不上闸	合闸铁芯未动作	合闸二次回路故障，查找故障点或故障元件
	合闸铁芯行程过大	调整合闸铁芯行程
	扇形板与半轴扣接量太小	通过调整脱扣螺钉使扇形板与半轴间隙为2～4mm
	扇形板未复位（未被半轴闭锁）	①紧固三相分闸缓冲器；②调整机构与开关间传动杆长度
	分闸弹簧断裂	更换并调整分闸弹簧
滚针轴承断裂	分闸弹簧断裂	更换滚针轴承，更换并调整分闸弹簧预拉伸长度，使分合闸速度合格
	分闸状态储能后扇形板与半轴间隙过大	调整扇形板与半轴间隙为2～4mm，更换滚针轴承
	滚针轴承疲劳	更换滚针轴承

续表

故障表现	可能造成故障的原因	处理方法
分闸速度偏高	分闸弹簧预拉伸长度偏长	调短分闸弹簧预拉伸长度，如预拉伸长度调到最小，分闸速度还偏高，需更换分闸弹簧
分闸速度偏低	分闸弹簧预拉伸长度偏短	调长分闸弹簧预拉伸长度，如预拉伸长度调到最大，分闸速度还偏低，需更换分闸弹簧
合闸速度偏高	合闸弹簧预拉伸长度偏长	调短合闸弹簧预拉伸长度
合闸速度偏低	合闸弹簧预拉伸长度偏短	调长合闸弹簧预拉伸长度
合后即跳	在“远方”位置手动合闸，合后即跳，保护装置“失压跳闸”连接片未退出	手动分合闸时，退出“失压跳闸”连接片
	在“就地”位置电动合闸，合后即跳，分闸按钮卡滞，导致接点导通	更换分闸按钮

续表

故障表现	可能造成故障的原因	处理方法
自动合闸	由“远方”转换到“就地”位置时，合闸按钮卡滞，导致接点导通，自动合闸	更换合闸按钮

（2）控制回路故障。LW8－35 型断路器控制回路典型故障及处理见表 2－5。

表 2－5 LW8－35 型断路器控制回路典型故障及处理

故障表现	可能造成故障的原因	处理方法
分闸状态下控制回路断线	合闸线圈烧断	更换合闸线圈
	辅助开关未切换	调整辅助开关连杆长度
	储能行程开关接点未闭合	调整或更换储能行程开关
	储能电动机烧坏	更换电动机
	储能继电器烧坏	更换储能继电器

续表

故障表现	可能造成故障的原因	处理方法
合闸状态下控制回路断线	分闸线圈烧断	更换分闸线圈
	辅助开关未切换	调整辅助开关连杆长度

3. LW25－126 型断路器

LW25－126 型断路器机构典型故障及处理见表 2－6。

表 2－6　LW25－126 型断路器机构典型故障及处理

故障表现	可能造成故障的原因	处理方法
电动机不转	电动机损坏	更换电动机
	热继电器损坏	更换热继电器
	延时头损坏	更换延时头
	储能接触器烧毁	更换储能接触器
	行程开关位置调整不当或损坏	调整行程开关或更换行程开关

续表

故障表现	可能造成故障的原因	处理方法
储能不到位	行程开关提前断开储能二次回路	调整行程开关固定位置、调整时间继电器的时间
合闸不到位	合闸弹簧疲劳	调整合闸弹簧力值
	机械传动部分卡涩	传动部分加注润滑油
开关合不上闸	合闸铁芯未动作	合闸二次回路故障，查找故障点或故障元件
	合闸铁芯行程过大	调整合闸铁芯行程
合闸状态下控制回路断线	分闸线圈烧断	更换分闸线圈
	辅助开关未切换	调整辅助开关连杆长度
过电流过时报警，弹簧未储能信号	控制电源和储能电源投运顺序错误	先投储能电源，后投控制电源
	延时头损坏	更换延时头
	热继电器、接触器损坏	更换热继电器、接触器
	储能行程开关损坏或接触不良	调整或更换行程开关

三、隔离开关

隔离开关典型故障及处理见表2－7。

表2－7　隔离开关典型故障及处理

故障表现	可能造成故障的原因	处理方法
电动合闸不成功	“远方”“就地”把手位置不正确	打到“就地”位置
	五防联锁接点未导通	五防解锁并查找原因
	合闸按钮接点未导通	更换合闸按钮
	合闸接触器线圈损坏或动合主接点损坏	更换合闸接触器
	分闸接触器动断接点损坏	更换分闸接触器
	热继电器动作或损坏	更换热继电器
	合闸限位行程开关损坏	更换合闸限位行程开关
	停止按钮损坏	更换停止按钮
	远方就地把手损坏	更换远方就地把手
	电动机损坏	更换电动机
	二次接线松动或虚接	紧固或更换接线

续表

故障表现	可能造成故障的原因	处理方法
电动分闸不成功	“远方”“就地”把手位置不正确	打到“就地”位置
	五防联锁接点未导通	五防解锁并查找原因
	分闸按钮接点未导通	更换分闸按钮
	分闸接触器线圈损坏或动合主接点损坏	更换分闸接触器
	合闸接触器动断接点损坏	更换合闸接触器
	热继电器动作或损坏	更换热继电器
	分闸限位行程开关损坏	更换分闸限位行程开关
	停止按钮损坏	更换停止按钮
	远方就地把手损坏	更换远方就地把手
	电动机损坏	更换电动机
	二次接线松动或虚接	紧固或更换接线
合闸位置不规范	电动操动机构限位开关位置偏移	调整限位开关保证机构输出角度（具体角度视隔离开关合/分角度）

续表

故障表现	可能造成故障的原因	处理方法
合闸位置不规范	机构输出轴与垂直连杆抱夹位移	调整并紧固抱夹
	主刀机构相合位限位螺栓调整不当	调整限位螺栓
	三相绝缘子下侧限位螺栓调整不当	调整限位螺栓
分闸位置不规范	电动操动机构限位开关位置偏移	调整限位开关保证机构输出角度合格
	机构输出轴与垂直连杆抱夹位移	调整并紧固抱夹
	主刀机构相分位限位螺栓调整不当	调整限位螺栓
	三相绝缘子下侧限位螺栓调整不当	先拆除调整限位螺栓，然后再调整
手动合分阻力大	转动部位锈蚀卡涩	润滑转动部位，锈蚀严重时需进行拆解，除去氧化物，涂黄油
导电部位发热	触头触指烧伤	轻微烧伤清洗打磨；烧蚀严重进行更换
	接线板与设备线夹接触面氧化	清洗打磨接触面

续表

故障表现	可能造成故障的原因	处理方法
导电部位发热	拉簧式触指弹簧锈蚀或弹力不足	更换弹簧
主刀与地刀闭锁不正确	地刀闭锁板位置不正确	调整地刀闭锁板位置
合分闸位置与后台不对应	辅助开关切换不到位	调整辅助开关

四、电流互感器

电流互感器典型故障及处理见表 2－8。

表 2－8　电流互感器典型故障及处理

故障表现	可能造成故障的原因	处理方法
干式电流互感器外绝缘损坏	外绝缘有裂纹、击穿	更换电流互感器
油式电流互感器油位变化大	膨胀器与本体膨胀系数不一致	加强巡视
SF_6 电流互感器压力低报警	压力表指示错误	校验压力表
	本体漏气	进行漏气处理

续表

故障表现		可能造成故障的原因	处理方法
110kV及以上电流互感器投运后有放电现象	膨胀器与上法兰放电	未安装等电位线或等电位线断裂	加装或更换等电位线
	末屏放电	末屏接地线断裂或未连接	安装或更换末屏接地线

五、电压互感器

电压互感器典型故障及处理见表2-9。

表2-9 电压互感器典型故障及处理

故障表现	可能造成故障的原因	处理方法
干式电压互感器外绝缘损坏	外绝缘有裂纹、击穿	更换电压互感器
35kV充油式电压互感器油位变化大	小储油柜与本体膨胀系数不一致	加强巡视
电压互感器投运后有放电现象	一次末端（N端）未接地	一次末端（N端）接地

六、避雷器

避雷器典型故障及处理见表 2－10。

表 2－10　避雷器典型故障及处理

故障表现	可能造成故障的原因	处理方法
避雷器破裂、爆炸	避雷器密封不严	更换避雷器
避雷器放电	接地铜辫断裂	更换带有外护套的多股软铜线
泄漏电流表无指示	泄漏电流表损坏	更换泄漏电流表
	避雷器下侧绝缘支柱对地绝缘降低	更换避雷器下侧绝缘支柱

七、电容器

电容器典型故障及处理见表 2－11。

表 2－11　电容器典型故障及处理

故障表现	可能造成故障的原因	处理方法
接线柱与抱杆线夹接触面发热	抱杆线夹铜铝接触面剥离	更换铜抱杆线夹

续表

故障表现	可能造成故障的原因	处理方法
抱杆线夹接线板发热	抱杆线夹与铝排接触面氧化	清洗打磨接触面
抱杆线夹裂纹	材质不合格	更换质量合格的抱杆线夹
电容器鼓肚	电容器内部故障	更换电容器
熔断器熔断	瞬时电流过大	更换熔断器
	电容器损坏	更换电容器
电容器喷油	电容器内部故障	更换电容器

八、电抗器

电抗器典型故障及处理见表2－12。

表2－12　电抗器典型故障及处理

故障表现	可能造成故障的原因	处理方法
接线板发热	接触面氧化	清洗打磨接触面
电抗器发热	电抗器断股或短路	更换电抗器

九、放电线圈

放电线圈典型故障及处理见表 2－13。

表 2－13　放电线圈典型故障及处理

故障表现	可能造成故障的原因	处理方法
本体渗油	密封不良	更换密封胶垫
抱杆线夹裂纹	材质不合格	更换质量合格的抱杆线夹
干式放电线圈开裂	内部故障	更换放电线圈

十、母线

1. 硬母线

硬母线典型故障及处理见表 2－14。

表 2－14　硬母线典型故障及处理

故障表现	可能造成故障的原因	处理方法
开口销、M 销脱落	锈蚀断裂	更换为不锈钢材质的开口销、M 销

续表

故障表现	可能造成故障的原因	处理方法
管母进水	未打排水孔	在管母最低位置打排水孔
母线固定金具松动、断裂	固定螺栓松动或紧固过紧导致金具断裂	调整紧固螺栓或更换固定金具
母线穿芯套管放电	穿芯套管内部灰尘、凝露	清扫开关柜、投运加热器
	内部屏蔽线接触不良	更换穿芯套管
	穿芯套管有裂纹	更换穿芯套管
管形母线连接头发热	接触面氧化	打磨清洗接触面

2. 软母线

软母线典型故障及处理见表 2-15。

表 2-15 软母线典型故障及处理

故障表现	可能造成故障的原因	处理方法
耐张线夹、T形接线线夹发热	线夹接触面氧化	打磨清洗接触面
	线夹有裂纹	更换线夹

续表

故障表现	可能造成故障的原因	处理方法
耐张线夹、T形接线线夹发热	线夹的压接压力不足	重新进行压接

十一、高压电缆

高压电缆典型故障及处理见表2-16。

表2-16　高压电缆典型故障及处理

故障表现	可能造成故障的原因	处理方法
电缆头外观破损	制作过程中，电缆头外观损坏	重新制作电缆头
	电缆头质量不佳	重新制作电缆头
电缆头放电、爆炸	制作工艺不合格	重新制作电缆头
	铜屏蔽与铠装用一根接地线引出（内部短接）	重新制作电缆头
	铜屏蔽与铠装接地线分别引出，但铜屏蔽与铠装接地线在电缆头内部接触	重新制作电缆头

续表

故障表现	可能造成故障的原因	处理方法
电缆头线鼻子发热	线鼻子压接不良（压接比不合格；压接面积小）	重新压接线鼻子
	采用单孔线鼻子，导电接触面小	更换双孔线鼻子
电缆头接地铜辫断裂	接地铜辫未包封	更换带有包封的接地铜辫
110kV 充油式电缆头漏油	密封不良	重新制作电缆头
电缆对地击穿	电缆质量不合格	更换电缆

十二、站用变压器

站用变压器典型故障及处理见表 2－17。

表 2－17　站用变压器典型故障及处理

故障表现	可能造成故障的原因	处理方法
站内三相电动机反转	站用变压器相序错误	更正相序

续表

故障表现	可能造成故障的原因	处理方法
站用变压器三相电压不平衡	站用变压器 N 极多点接地	站用变压器 N 极就地接地

（1）干式站用变压器。干式站用变压器典型故障及处理见表 2-18。

表 2-18　干式站用变压器典型故障及处理

故障表现	可能造成故障的原因	处理方法
温度控制器不能正常工作	温度控制器损坏	更换温度控制器
	温度探头未放置正确	将温度探头放置到探头孔内
站用变压器柜超声检测不合格	站用变压器绝缘件受潮	更换绝缘件或返厂检修

注　站用变压器高压试验时，应将站用变压器温度控制器排线拔出。

（2）油浸式站用变压器。油浸式站用变压器典型故障及处理见表 2-19。

表 2-19　油浸式站用变压器典型故障及处理

故障表现	可能造成故障的原因	处理方法
接线柱发热	接触面氧化	清洗打磨接触面
渗油	密封不良	视情况处理，并清洗油污

检修现场记录页

检修现场记录页

检修现场记录页

检修现场记录页

检修现场记录页

检修现场记录页

检修现场记录页

检修现场记录页

检修现场记录页

检修现场记录页

检修现场记录页

检修现场记录页

检修现场记录页

检修现场记录页

检修现场记录页

检修现场记录页

检修现场记录页

检修现场记录页

检修现场记录页

检修现场记录页

检修现场记录页

检修现场记录页

检修现场记录页

检修现场记录页

检修现场记录页

检修现场记录页

检修现场记录页

检修现场记录页

检修现场记录页

检修现场记录页

检修现场记录页

检修现场记录页

检修现场记录页

检修现场记录页

检修现场记录页

检修现场记录页

检修现场记录页

检修现场记录页

检修现场记录页

检修现场记录页

检修现场记录页

检修现场记录页

检修现场记录页

检修现场记录页

检修现场记录页

检修现场记录页

检修现场记录页

检修现场记录页

检修现场记录页

检修现场记录页

检修现场记录页

检修现场记录页

检修现场记录页

检修现场记录页

检修现场记录页

检修现场记录页

检修现场记录页

检修现场记录页

检修现场记录页

检修现场记录页

检修现场记录页

检修现场记录页

检修现场记录页

检修现场记录页

检修现场记录页

检修现场记录页

检修现场记录页

检修现场记录页

检修现场记录页

检修现场记录页

检修现场记录页

检修现场记录页